POCKET

LA THEORIE DE LA PHYSIQUE

THINGS YOU SHOULD KNOW

(QUESTIONS ET REPONSES)

Rumi Michael Leigh

Introduction

Je tiens à vous remercier et à vous féliciter pour avoir téléchargé ce livre, "Pocket la théorie de la Physique, things you should know (questions et réponses)" série.

Ce livre vous donnera une bonne connaissance générale de l'essentiel de la théorie de la physique.

Merci encore d'avoir téléchargé ce livre, j'espère que vous l'apprécierez !

Générale : Partie 1 : Questions

1. Qu'est-ce que représente le micro ?
2. Qu'est-ce que représente le méga ?
3. Qu'est-ce que représente le giga ?
4. Qu'est-ce que représente le nano ?
5. Qu'est-ce que représente le pico ?
6. Qu'est-ce qu'une notation scientifique ?
7. Qu'est-ce que le sin ?
8. Qu'est-ce que le cos ?
9. Qu'est-ce que le tan ?

Générale : Partie 1 : Réponses

1. 10-6.
2. 10 6.
3. 10 9.
4. 10-9.
5. 10-12.
6. C'est une façon de représenter des nombres en utilisant des puissances de dix.
7. Opposé / hypoténuse.
8. Adjacent / hypoténuse.
9. Opposé / adjacent.

Énergie : Partie 2 : Questions

1. Qu'est-ce que la calorie ?
2. Qu'est-ce que le travail ?
3. Quelle est l'unité de travail ?
4. Qu'est-ce que l'énergie ?
5. Qu'est-ce que l'énergie cinétique ?
6. Qu'est-ce que l'énergie potentielle ?
7. Qu'est-ce que le pouvoir ?

Énergie : Partie 2 : Réponses

1. C'est la quantité de chaleur nécessaire pour élever la température d'un gramme d'eau de 1 degré.
2. Le travail est la force appliquée à une certaine distance.
3. Le joules.
4. L'énergie est la capacité de faire du travail.
5. L'énergie cinétique est l'énergie du mouvement.
6. L'énergie potentielle est l'énergie stockée qui peut être transformée pour fonctionner.
7. Le pouvoir est le travail effectué sur une période donnée.

Dynamique : Partie 3 : Questions

1. Qu'est-ce que la vitesse ?
2. Qu'est-ce que la vitesse instantanée ?
3. Quelle est la vitesse moyenne ?
4. Quelle est la vitesse terminale ?
5. Qu'est-ce que l'accélération moyenne ?
6. Un objet en équilibre peut-il être en mouvement ?
7. Qu'est-ce que la chute libre ?
8. Qu'est-ce que le déplacement ?

Dynamique : Partie 3 : Réponses

1. La vitesse est la distance parcourue au fil du temps.
2. C'est la vitesse dans le moment.
3. C'est le changement de position d'un objet sur un changement de temps.
4. C'est la vitesse la plus élevée atteinte par un objet en chute libre.
5. C'est le changement de vitesse sur un changement de temps.
6. Oui, mais sa vitesse est constante.
7. C'est l'absence de friction quand un objet tombe.
8. C'est la différence entre la position finale d'un objet et sa position initiale.

Électricité : Partie 4 : Questions

1. Qu'est-ce qu'un circuit ?
2. Nommez 2 types de connexions de circuit.
3. Qu'est-ce qu'un circuit en série ?
4. Qu'est-ce qu'un circuit en parallèle ?
5. Le courant dans un circuit en série est-il différent ?
6. Qu'est-ce qu'un circuit ouvert ?
7. Qu'est-ce qu'un circuit fermé ?
8. Que se passe-t-il lorsqu'il y a deux charges électriques du même signe ?
9. Que se passe-t-il lorsqu'il y a deux charges électriques de signes opposés ?
10. Qu'est-ce qu'un courant électrique ?

Électricité : Partie 4 : Réponses

1. Un circuit est un chemin où les électrons circulent.
2. Circuit en série et circuit en parallèle.
3. C'est un système de connexion dans lequel le courant circule dans un chemin.
4. C'est un système de connexion dans lequel le courant circule sur plus d'un chemin.
5. Non, c'est pareil partout.
6. C'est un circuit dans lequel aucun courant ne peut circuler.
7. C'est un circuit dans lequel il y a un flux continu de courant.
8. Ils se repoussent.
9. Ils s'attirent les uns les autres.
10. Un courant électrique est le flux de charge d'un point à un autre.

Électricité : Partie 5 : Questions

1. Quelle est la fonction d'un électroscope ?
2. Quelle est la fonction d'un électromètre ?
3. Quelle est la fonction d'un condensateur ?
4. Qu'est-ce qu'un courant continu CC ?
5. Qu'est-ce qu'un courant alternatif ?
6. Quelle est la relation entre la résistance dans un circuit et le courant ?
7. Qu'est-ce qu'une cellule photovoltaïque ?
8. Un corps chargé positivement a-t-il un excès d'électrons ?
9. Tous les électrons d'un métal sont-ils libres ?
10. Qu'est-ce qui est utilisé pour mesurer la tension dans un circuit ?

Électricité : Partie 5 : Réponses

1. Il est utilisé pour la détection de l'électricité statique.
2. Il est utilisé pour mesurer les charges électriques.
3. C'est un appareil qui stocke l'énergie potentielle.
4. C'est un courant qui circule dans une direction.
5. C'est un courant qui inverse périodiquement sa direction.
6. Un courant est élevé si la résistance est faible.
7. Une cellule photovoltaïque transforme l'énergie lumineuse en énergie électrique.
8. Non.
9. Non.
10. Un voltmètre.

Électricité : Partie 6 : Questions

1. Qu'est-ce que l'électricité statique ?
2. Qu'est-ce qu'un supraconducteur ?
3. Qu'est-ce que l'induction ?
4. Qu'est-ce qu'une résistance ?
5. Qu'est-ce qu'un fusible ?
6. Qu'est-ce qu'un galvanomètre ?
7. Quelle est la fonction d'un moteur électrique ?
8. Définissez l'électrostatique.
9. Donnez un exemple de semi-conducteur.
10. Qu'est-ce que les transistors ?
11. Qu'est-ce qu'une diode ?
12. Qu'est-ce qu'un ampèremètre ?

Électricité : Partie 6 : Réponses

1. C'est de l'électricité créée par friction.

2. C'est une substance qui conduit l'électricité sans résistance.

3. C'est le passage du courant électrique ou magnétique entre les objets sans aucun contact physique entre les objets.

4. C'est un dispositif qui résiste au courant électrique.

5. Il s'agit d'un appareil électrique qui protège la surchauffe en interrompant le flux de courant électrique.

6. C'est un instrument utilisé pour mesurer le petit courant électrique.

7. Il convertit l'énergie électrique en énergie mécanique.

8. C'est l'étude de l'électricité statique. L'électricité est au repos.

9. Le silicium.

10. Les transistors sont des semi-conducteurs qui régulent le courant et sont utilisés pour commuter des signaux électroniques.

11. Il s'agit d'un dispositif électronique à deux bornes qui permet la circulation du courant dans une direction.

12. C'est un instrument utilisé pour mesurer le courant électrique.

Lumière et Optique : Partie 7 : Questions

1. Quelle est la loi de la réflexion ?
2. Qu'est-ce qu'un rayon ?
3. Qu'est-ce que l'umbra ?
4. Qu'est-ce que la pénombre ?
5. Quel est l'angle critique ?
6. Qu'est-ce que des mirages ?
7. Comment se forment les arcs-en-ciel ?
8. Quelles couleurs forment le jaune ?
9. Quelles couleurs forment le cyan ?
10. Quelles couleurs forment le magenta ?

Lumière et Optique : Partie 7 : Réponses

1. Elle indique que l'angle de réflexion est égal à l'angle d'incidence.

2. C'est un mince faisceau de lumière.

3. C'est une ombre complète. La lumière est complètement bloquée par l'objet.

4. C'est une partie de la lumière, une partie de l'ombre.

5. C'est l'angle d'incidence minimal possible dans lequel une réflexion totale se produit lorsque la lumière passe d'un milieu de réfraction plus élevé à un milieu de réfraction inférieure.

6. Ce sont des illusions d'optique ou des effets causés par les conditions météorologiques ou atmosphériques.

7. Les arcs-en-ciel sont formés par la réflexion et la dispersion de la lumière du soleil dans les gouttelettes d'eau.

8. Le vert et le rouge combinés.

9. Le bleu et le vert combinés.

10. Le rouge et le bleu combinés.

Lumière et Optique : Partie 8 : Questions

1. Qu'est-ce que la phosphorescence ?
2. Qu'est-ce que la fluorescence ?
3. Qu'est-ce qu'une année lumière ?
4. Nommez les 3 couleurs primaires.
5. Qu'est-ce que la dispersion ?
6. Quel type d'image est formé par une lentille divergente ?
7. Quelle est la fréquence ?
8. Quelle est la distance focale ?
9. De quoi dépend la vitesse de la lumière ?
10. Quelle est la vitesse de la lumière dans le vide ?

Lumière et Optique : Partie 8 : Réponses

1. C'est un corps qui émet de la lumière un peu plus longtemps après avoir été irradié par une source de lumière.
2. C'est un corps qui émet de la lumière après avoir été irradié par une source de lumière mais n'émet plus de lumière quand la source de lumière n'est plus.
3. C'est la distance parcourue par la lumière à travers un vide dans une année.
4. Le rouge, le vert et le bleu.
5. C'est la séparation de la lumière par la fréquence en couleurs.
6. Une image virtuelle.
7. C'est le nombre de vibrations par seconde.
8. C'est la distance entre le point focal et la lentille.
9. La vitesse de la lumière dépend de la surface qu'elle traverse.
10. 300'000 km par seconde.

Lumière et Optique : Partie 9 : Questions

1. Qu'est-ce qu'un objet opaque ?
2. Donnez un exemple d'un objet opaque.
3. Qu'est-ce qu'un objet translucide ?
4. Donnez un exemple d'un objet translucide.
5. Qu'est-ce qu'un objet transparent ?
6. Donnez un exemple d'un objet transparent.
7. Quelle est la zone d'ombre ?
8. Comment la lumière voyage-t-elle dans un environnement homogène et transparent ?
9. Nommez une source naturelle d'ondes ultraviolettes.
10. Qu'est-ce qui nous protège des UV du soleil ?

Lumière et Optique : Partie 9 : Réponses

1. C'est un objet qui ne laisse pas passer la lumière.
2. Du béton.
3. C'est un objet qui ne laisse pas passer la lumière en ligne droite.
4. Un verre dépoli.
5. C'est un objet qui laisse passer la lumière en ligne droite.
6. Un verre.
7. C'est la partie d'un objet qui ne reçoit pas de lumière.
8. Elle se déplace en ligne droite.
9. Le Soleil.
10. L'ozone.

Lumière et Optique : Partie 10 : Questions

1. Qu'est-ce qu'une source de lumière ?
2. Nommez les deux types de sources lumineuses.
3. Donnez des exemples d'une source de lumière primaire.
4. Qu'est-ce que l'incandescence ?
5. Donnez un exemple d'incandescence.
6. Qu'est-ce que la luminescence ?
7. Donnez un exemple de luminescence.
8. Qu'est-ce qu'une source de lumière primaire ?
9. Qu'est-ce qu'une source de lumière secondaire ?
10. Donnez un exemple d'une source de lumière secondaire.

Lumière et Optique : Partie 10 : Réponses

1. C'est un corps qui émet de la lumière.
2. Une source primaire et une source secondaire.
3. Le soleil, les étoiles, une ampoule, etc.
4. C'est quand un corps émet de la lumière lorsqu'il est chauffé à une certaine (haute) température.
5. La foudre.
6. C'est quand un corps émet de la lumière à une température ambiante.
7. Un tube fluorescent.
8. C'est une source de lumière qui crée et émet de la lumière.
9. C'est une source de lumière qui reflète la lumière créée par une source primaire.
10. La lune.

Lumière et Optique : Partie 11 : Questions

1. Quel est le point d'incidence ?
2. Quel est le rayon incident ?
3. Quel est l'angle d'incidence ?
4. Quel est l'angle de réflexion ?
5. Qu'est-ce que le rayon réfléchi ?
6. Quelle est la normale de l'objet ?
7. Quel est le plan de l'incident ?
8. Quel est l'indice de réfraction ?
9. Quelle est la relation entre l'indice de réfraction et la vitesse de la lumière ?
10. Qu'est-ce que la réflexion totale ?

Lumière et Optique : Partie 11 : Réponses

1. C'est le point frappé par le faisceau lumineux.
2. C'est le rayon lumineux qui frappe l'objet.
3. C'est l'angle formé par le rayon incident.
4. C'est l'angle formé par le rayon réfléchi.
5. C'est le rayon lumineux qui est réfléchi par l'objet.
6. C'est la perpendiculaire au plan de l'objet.
7. Le plan de l'incident se compose du rayon incident, du rayon normal et du rayon réfléchi.
8. C'est la vitesse de la lumière dans le vide (milieu 1) sur la vitesse de la lumière dans la seconde surface (milieu 2).
9. La vitesse de la lumière est faible lorsque l'indice de réfraction d'un milieu est grand.
10. C'est quand toute la lumière est réfléchie, donc il n'y a pas de réfraction.

Lumière et Optique : Partie 12 : Questions

1. Quel est le lien entre l'angle d'incidence et l'angle de réflexion ?
2. Qu'est-ce qu'une image réelle ?
3. Qu'est-ce qu'une image virtuelle ?
4. Donnez un exemple de l'image virtuelle.
5. Donnez un exemple de l'image réelle.
6. Quelles sont les caractéristiques d'une lentille convergente ?
7. Quelles sont les caractéristiques d'une lentille divergente ?
8. L'image dans un miroir convexe est-elle verticale?
9. Donnez un autre nom à une lentille convexe.
10. Donnez un autre nom à une lentille concave.

Lumière et Optique : Partie 12 : Réponses

1. L'angle d'incidence est égal à l'angle de réflexion.
2. Une image réelle est une image où convergent les rayons lumineux.
3. Une image virtuelle est une image où les rayons lumineux ne convergent pas.
4. Une image miroir.
5. Une image de la caméra.
6. Il a une image réelle et son image peut être reçue sur un écran.
7. Il a une image virtuelle et son image ne peut pas être reçue sur un écran.
8. Non.
9. Une lentille convergente.
10. Une lentille divergente.

Lumière et Optique : Partie 13 : Questions

1. Qu'est-ce que la presbytie ?
2. Quelle est la cause de la presbytie ?
3. Quels types de lentilles sont utilisés pour corriger la presbytie ?
4. Qu'est-ce que l'astigmatisme ?
5. Qu'est-ce que la myopie ?
6. Quel type de lentilles de correction sont utilisées pour la myopie ?
7. Qu'est-ce que l'hypermétropie ?
8. Quel type de lentilles de correction sont utilisées pour l'hypermétropie ?

Lumière et Optique : Partie 13 : Réponses

1. C'est quand les lentilles cristallines deviennent rigides.
2. Elle est dû au vieillissement.
3. Les lentilles convexes.
4. C'est une vision floue ou déformée.
5. C'est quand quelqu'un voit clairement les objets près mais pas les objets qui sont loin.
6. Les lentilles concaves.
7. C'est quand quelqu'un a des difficultés à voir des objets proches.
8. Les lentilles convexes.

Pression, température, chaleur : Partie 14 : Questions

1. Qu'est-ce que la température ?
2. Qu'est-ce que la pression atmosphérique ?
3. Quel instrument est utilisé pour mesurer la pression atmosphérique ?
4. Qu'est-ce qui peut influencer la pression ?
5. Quelle est la formule de la pression ?
6. Qu'est-ce que la force d'Archimède ?
7. Qu'est-ce qui influence la force d'Archimède ?
8. Quelle est la relation entre la densité d'un liquide et la force d'Archimède ?
9. Quelle est la relation entre le volume d'un liquide submergé et la force d'Archimède ?
10. La pression d'un liquide dépend principalement de ?
11. Existe-t-il la force d'Archimède dans les gaz ?

Pression, température, chaleur : Partie 14 : Réponses

1. C'est ce qui indique la chaleur ou la froideur d'un objet.
2. C'est la pression de l'air qui nous entoure.
3. Un baromètre.
4. La surface de contact, plus la surface est grande, plus la pression est faible.
5. C'est la force appliquée sur la surface.
6. C'est la force qui s'oppose à la force de gravité dans un liquide.
7. Le volume d'un objet et la densité du liquide.
8. À mesure que la densité diminue, la force d'Archimède diminue.
9. A mesure que le volume du liquide immergé augmente, la force d'Archimède augmente.
10. La hauteur du liquide.
11. Oui.

Pression, température, chaleur : Partie 15 : Questions

1. Quelle est la chaleur spécifique ?
2. Qu'est-ce que la dilatation thermique ?
3. Qu'est-ce que la dilatation linéaire ?
4. Qu'est-ce que la contraction thermique ?
5. Qu'est-ce que la chaleur latente ?
6. Comment la chaleur est-elle transférée ?
7. Qu'est-ce que la conduction ?
8. Qu'est-ce que la convection ?
9. Qu'est-ce que la radiation ?

Pression, température, chaleur : Partie 15 : Réponses

1. C'est la caractéristique d'un corps de stocker de la chaleur.

2. C'est l'augmentation des dimensions d'un corps suite à une augmentation de sa température.

3. C'est l'augmentation de la longueur d'un corps suite à une augmentation de sa température.

4. C'est la diminution des dimensions d'un corps suite à une diminution de sa température.

5. C'est la chaleur nécessaire pour changer la phase d'une substance.

6. Par conduction, convection et rayonnement.

7. C'est le transfert de chaleur par contact.

8. C'est le transfert de chaleur quand il s'éloigne de sa source de chaleur.

9. C'est le transfert de chaleur par ondes électromagnétiques.

1. Qu'est-ce que la masse ?
2. Une tonne équivaut à combien de kilogrammes ?
3. Qu'est-ce que la densité ?
4. Qu'est-ce que la force ?
5. Comment la force est-elle représentée ?
6. Comment la force de gravité est-elle mesurée ?
7. La force de gravité est exprimée dans quelle unité ?
8. Quelles sont les caractéristiques du poids ?
9. Comment la masse est-elle mesurée ?
10. La friction est-elle une force ?

Mécanique : Partie 16 : Réponses

1. C'est la quantité de matière. La masse d'un objet est toujours constante.
2. 1000 kg.
3. C'est la masse d'un corps sur son volume.
4. C'est tout ce qui peut modifier l'état d'un corps, que ce soit sa forme ou son mouvement.
5. Elle est représentée par un vecteur.
6. Elle est mesurée avec un dynamomètre.
7. En Newtons.
8. Sa direction, son intensité et son centre de gravité.
9. Elle est mesurée avec une échelle.
10. Oui.

Mécanique : Partie 17 : Questions

1. Qu'est-ce que la force nette ?
2. Qu'est-ce que la force centripète ?
3. Qu'est-ce que la force centrifuge ?
4. Qu'est-ce que la force de résistance ?
5. Qu'est-ce que le momentum ?
6. Qu'est-ce que l'inertie ?
7. Qu'est-ce qu'une collision élastique ?
8. Qu'est-ce qu'une collision inélastique ?
9. Nommez 2 types de frottement.
10. Qu'est-ce que la friction cinétique ?
11. Qu'est-ce que la friction statique ?
12. Qu'est-ce qu'une paire d'interactions ?
13. Qu'est-ce que l'impulsion ?

Mécanique : Partie 17 : Réponses

1. C'est la somme de toutes les forces agissant sur un objet.
2. C'est la force qui maintient un objet dans un mouvement circulaire.
3. C'est la force qui sort du centre.
4. C'est la force opposée au mouvement d'un objet.
5. C'est un objet en mouvement.
6. C'est quand un objet résiste aux changements de mouvement.
7. C'est une collision dans laquelle l'énergie cinétique reste constante.
8. C'est une collision dans laquelle il y a une perte d'énergie cinétique.
9. Frottement cinétique et frottement statique.
10. C'est la force qui ralentit le mouvement d'un objet.
11. C'est la force qui permet le mouvement d'un objet.
12. C'est une paire de forces égales en force, mais dans la direction opposée.
13. C'est la force multipliée par le changement dans le temps.

Onde : Part 18 : Questions

1. Qu'est-ce qu'une onde ?
2. Qu'est-ce que la fréquence ?
3. Quelle est l'unité de la fréquence ?
4. Qu'est-ce qu'une onde mécanique ?
5. Qu'est-ce qu'une onde transversale ?
6. Qu'est-ce qu'une longueur d'onde ?
7. Qu'est-ce qu'une période ?
8. Qu'est-ce qu'un nœud ?
9. Qu'est-ce qu'un antinode ?
10. Qu'est-ce qu'une onde longitudinale ?

Onde : Part 18 : Réponses

1. Une onde est une perturbation qui transfère de l'énergie.
2. C'est le nombre de cycles en une seconde.
3. Hertz.
4. C'est une onde qui nécessite un support pour sa transmission.
5. Il s'agit d'une onde dont la direction de déplacement est perpendiculaire à sa direction de propagation.
6. C'est la distance entre deux points d'une vague.
7. C'est le temps d'un cycle complet.
8. Il s'agit d'un point dans une vague stationnaire où il n'y a pas de déplacement à chaque cycle.
9. Il s'agit d'un point dans une vague stationnaire où il y a un déplacement maximal à chaque cycle.
10. C'est une onde dont la direction de déplacement est parallèle à sa direction de propagation.

Onde : Partie 19 : Questions

1. Qu'est-ce qu'une interférence constructive ?
2. Qu'est-ce qu'une interférence destructive ?
3. Qu'est-ce qu'une crête ?
4. Qu'est-ce qu'un creux ?
5. Qu'est-ce que la compression ?
6. Qu'est-ce que la raréfaction ?
7. Qu'est-ce que la diffraction ?
8. Qu'est-ce qui peut causer la diffraction ?
9. Définissez la subsonique.
10. Définissez le supersonique.

Onde : Partie 19 : Réponses

1. C'est lorsque les ondes de fréquence et de phase égales se rencontrent et s'ajoutent à une plus grande amplitude.
2. C'est à ce moment que les ondes de fréquence égale et de phase opposée se rencontrent et s'annulent mutuellement.
3. C'est le point sur une vague avec la valeur maximale de déplacement vers le haut dans un cycle.
4. C'est le point sur une vague ayant la valeur minimale de déplacement vers le bas dans un cycle.
5. C'est la région d'une vague dans laquelle la pression et la densité sont plus élevées.
6. C'est une région dans une onde longitudinale où les vagues sont étendues.
7. C'est le changement dans la direction d'une vague.
8. Un obstacle ou une ouverture, etc.
9. C'est la vitesse en dessous de celle du son.
10. C'est la vitesse au-dessus de celle du son.

Onde : Part 20 : Questions

1. Qu'est-ce qu'un mouvement périodique ?
2. Qu'est-ce que la superposition ?
3. Qu'est-ce qu'un front d'onde ?
4. Qu'est-ce que l'amplitude ?
5. Qu'est-ce qu'une onde de choc ?
6. Quelle est la vitesse du son ?
7. Peut le son voyager dans le vide ?
8. Quelle est la fréquence sonore pour l'infrason ?
9. Quelle est la fréquence sonore pour l'ultrason ?
10. Quelle est la fonction d'un oscilloscope ?

Onde : Part 20 : Réponses

1. C'est une motion qui se répète.
2. C'est quand les vagues se croisent.
3. C'est une surface avec une onde de propagation qui traverse tous les points de l'onde qui ont la même phase.
4. C'est la mesure de la taille d'une vague.
5. C'est quand une vague se déplace plus vite que la vitesse du son.
6. 340 m / s.
7. Non.
8. Fréquences sonores inférieures à 20Hz.
9. Fréquences sonores supérieures à 20 000 Hz.
10. Il mesure l'intensité sonore.

Onde : Part 21 : Questions

1. Nommez les deux principaux types d'ondes.
2. Donnez des exemples d'onde transversale.
3. Donnez des exemples d'onde longitudinale.
4. Qu'est-ce que l'effet Doppler ?
5. Quelle est la fréquence fondamentale ?
6. Qu'est-ce que l'intensité ?
7. Qu'est-ce qu'un pitch ?
8. Qu'est-ce qu'une onde stationnaire ?
9. Nommez les différents types d'ondes électromagnétiques.
10. Où les rayons X sont-ils utilisés ?

Onde : Part 21 : Réponses

1. Les ondes transversales et longitudinales.
2. Les ondes lumineuses, les ondes radio, un instrument à cordes (la guitare).
3. Les ondes sonores, les ondes de pression.
4. C'est le changement de longueur d'onde et de fréquence entre la source et un observateur en mouvement.
5. C'est la fréquence la plus basse.
6. C'est la puissance par unité de surface d'une vague.
7. C'est le niveau d'une fréquence.
8. C'est une vague qui semble immobile.
9. Les rayons X, le rayonnement gamma, les ondes radio, les micro-ondes, les ondes radar, les infrarouges, les ultraviolets et la lumière visible.
10. Dans le domaine de la radiographie médicale.

Onde : Part 22 : Questions

1. Où le rayonnement gamma est-il utilisé ?
2. Où sont utilisées les ondes infrarouges ?
3. Où sont utilisées les ondes ultraviolettes ?
4. Quels sont les sons infrasonores ?
5. Quels sont les sons ultrasonores ?
6. Qu'est-ce que l'intensité lumineuse ?

Onde : Part 22 : Réponses

1. Dans le domaine de la radiothérapie.
2. Dans les appareils de chauffage.
3. Dans les salons de bronzage. Les lampes qui bronzent la peau.
4. Ce sont des sons trop faibles pour entendre.
5. Ce sont des sons trop élevés pour entendre.
6. C'est la luminosité de la lumière.

Radioprotection : Partie 23 : Questions

1. Nommez certaines substances qui émettent des rayonnements.

2. Qu'est-ce qu'un nucléide ?

3. En quoi consiste un nucléide ?

4. Qu'est-ce qu'un radionucléide ?

5. Quelle est la condition pour qu'une transformation spontanée ait lieu pour un radionucléide ?

6. Donnez un autre nom à un radionucléide.

7. Qu'est-ce que les isotones ?

8. Qu'est-ce que les isobares ?

9. Le noyau est-il un objet solide avec une surface délimitée ?

10. Qu'est-ce qui peut être utilisé pour mesurer la masse atomique ?

Radioprotection : Partie 23 : Réponses

1. L'uranium, le radium, etc.
2. C'est un noyau atomique dans une entité individuelle.
3. Il se compose de neutrons et de protons.
4. C'est un nucléide instable.
5. L'énergie finale doit être inférieure à l'énergie initiale.
6. Un nucléide radioactif.
7. Les isotones sont des nucléides qui ont le même nombre de neutrons mais un nombre différent de protons.
8. Ce sont des nucléides ayant le même nombre de masse.
9. Non.
10. Les spectromètres de masse.

Radioprotection : Partie 24 : Questions

1. Quelle est l'unité de la masse atomique ?
2. Quelle est la réaction opposée de la fission nucléaire ?
3. Quelle est la force qui régule les mouvements des électrons atomiques ?
4. La désintégration radioactive du radionucléide est quel type de processus ?
5. Qu'est-ce que la demi-vie radioactive ?
6. Quelle est l'activité d'une source radioactive ?
7. Quelles sont les 3 catégories de modalités de désintégration ?
8. Comment les radionucléides artificiels sont-ils produits ?
9. Où les sources radioactives scellées sont-elles souvent utilisées ?

Radioprotection : Partie 24 : Réponses

1. Uma.
2. La fusion nucléaire.
3. La force électromagnétique.
4. C'est un processus aléatoire.
5. C'est le temps nécessaire pour réduire une activité radioactive d'un facteur 2.
6. C'est le nombre de désintégration par unité de temps.
7. Quand un nucléide est transformé en un autre nucléide, quand un nucléide est transformé en plusieurs autres nucléides et quand le même nucléide est transformé en un autre état d'énergie.
8. Par activation, filiation et fission.
9. L'irradiation dans un sens général.

Radioprotection : Partie 25 : Questions

1. Quels sont les 2 principaux radionucléides créés dans l'atmosphère ?
2. Lequel est le plus nombreux dans l'atmosphère, le C-14 ou le C-12 ?
3. Quelle est l'utilité de C-12 dans l'atmosphère ?
4. Qu'est-ce que le rayonnement d'ionisation ?
5. Pourquoi les particules chargées sont-elles dites directement ionisantes ?
6. Nommez des particules chargées.
7. Nommez des particules non chargées.

Radioprotection : Partie 25 : Réponses

1. Le tritium et le carbone 14.
2. Le C-12.
3. La datation des plantes.
4. C'est un rayonnement capable d'arracher un électron d'un atome.
5. C'est parce qu'elles interagissent en permanence avec la matière.
6. Les protons, les électrons et les particules alpha.
7. Les rayons X, les rayons gamma et les neutrons.

Conclusion

Merci encore une fois pour avoir téléchargé ce livre. J'espère que cela vous a été utile.

S'il vous plaît, si vous avez aimé ce livre, je voudrais que vous laissiez un commentaire. Ce serait apprécié.

Je vous remercie.